素晴らしい地球

明日へのメッセージ

榊原俊寿

幻冬舎MC

つぶやき

今、新型コロナウイルスが世界中で猛威を振るっています。

人類は環境を犠牲にして文明を成長させてきました。その結果、環境汚染が進み地球温暖化が起き、大規模な水害、火災等が毎年のように起こっています。これは環境汚染が臨界に達し、地球を浄化させようとしているのだと思います。それでもなかなか環境破壊を止めようとしなかった人類に対して、このわずか0.1μmの目にも見えないウイルスが文明の成長をストップさせました。その結果、ニューヨークの空はかつてないほど綺麗になり、ベネチアの運河は澄んできたと言われています。おそらくこのウイルスが人類に警鐘を鳴らしているのでしょう。

人間は自分の住んでいる地球を破壊するほど無能ではないと思います。皆で手を繋ぎ、一致団結してこのウイルスに立ち向かえば必ず封じ込めることが出来、同時に環境への配慮もなされ、明るい明日が来ることと思います。

榊原俊寿

A Reflection

Currently, the novel coronavirus COVID-19 is wreaking havoc around the world.
We humans have sacrificed the environment for the growth of civilization. As a result, environmental pollution has worsened, the planet is warming, and large floods and fires happen every year. I believe this is because the environmental pollution has reached its limit and the earth is trying to cleanse itself. Even so, we humans did not heed this warning and stop destroying our environment. Then, a virus a mere 0.1㎛ in size brought the growth of civilization to a halt. They say that as a result, the skies of New York are clearer than they have ever been, and the canals of Venice are becoming more transparent. It is likely that the virus is a warning to us humans.
I do not believe humans are so foolish as to destroy the very earth we live on. If we join hands and combat this virus together, I believe that we can stop it. At the same time, we can become more conscious of the environment, and a brighter tomorrow will come.

Toshihisa Sakakibara
翻訳（本文共）Ellen Sumire Iida
挿絵　Christophe Tilly

僕《ぼく》はたった今《いま》、この地《ち》球《きゅう》に誕生《たんじょう》しました！

I was just born onto this earth!

お母《かあ》さんにおっぱいをたくさんもらい、
すくすくと成長《せいちょう》するのです

With my mom's milk, I will grow and grow

いつもお母《かあ》さんが一生懸命《いっしょうけんめい》食《た》べ物《もの》をさがしてくれる

Mom always works hard to find me food

みんなから可愛《かわい》い可愛《かわい》いと褒《ほ》められ

Everyone says I'm cute

何《なん》にでも興味《きょうみ》を持《も》つ楽《たの》しい毎日《まいにち》

Everything is interesting

兄弟《きょうだい》仲《なか》良《よ》くママと楽《たの》しいお散歩《さんぽ》

Taking a nice walk with my mom and siblings

いつもお母《かあ》さんが見《み》守《まも》ってくれている

Mom always looks out for me

優《やさ》しいお母《かあ》さん

My mom is nice

たまには子守《こもり》が退屈《たいくつ》な時《とき》もあるけれど

Sometimes looking after me can be tiring

ママはしっかり教《きょう》育《いく》してくれるんだよ

But Mom always teaches me new things

よく寝《ね》て

With good sleep

いっぱい食《た》べれば

And plenty to eat

小《ちい》さくても身体《からだ》は一人前《いちにんまえ》なのさ

I'm all grown up, even if I'm tiny

楽《たの》しい毎日《まいにち》　お母《かあ》さんに甘《あま》えたり

Every day is exciting　Cuddling with my mom

兄弟《きょうだい》でじゃれ合《あ》ったり

Playing with my siblings

おやつをねだったり

Begging for treats

ボクシングをしたり

Boxing

ある時《とき》は相撲《すもう》をとったり

Having a sumo match now and then

たまには兄弟《きょうだい》喧嘩《げんか》もするけど

Though I fight sometimes with my siblings

遊《あそ》び疲《つか》れたらお母《かあ》さんのおなかの下《した》で一休《ひとやす》み

When I'm tired, I just take a break under my mom's belly

何《なん》と言《い》ってもお兄《にい》さんの背中《せなか》が一番《いちばん》気《き》持《も》ちいいのさ

I have to say, your back is the most comfortable

たまにはお父《とう》さんにも甘《あま》えてよ

You can cuddle with Dad sometimes too

寒《さむ》い時《とき》は完《かん》全《ぜん》装《そう》備《び》で外《そと》に出《で》て

If it's cold outside, I'll have to bundle up

温泉《おんせん》につかってゆったりしたり

Take a bath in a hot spring and relax

たっぷり陽《ひ》を浴《あ》びて

Get lots of sunshine

暖《あたた》かい日《ひ》差《ざ》しの中《なか》で日向《ひなた》ぼっこをするのさ

Sunbathing in the warm rays of the sun

だんだんいい気《き》持《も》ちになり

Feeling dozy

すっかり夢《ゆめ》の中《なか》

I slumber

いよいよ暑《あつ》くなったら皆《みな》で木陰《こかげ》に避難《ひなん》

If it's getting too hot, better retire to the shade

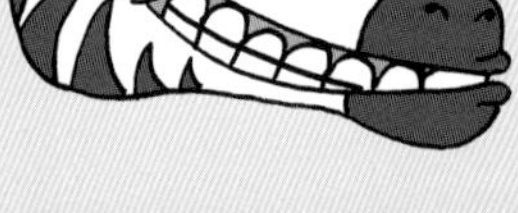

この世界《せかい》は楽《たの》しい事《こと》がいっぱい

This world is full of fun

雪《ゆき》の中《なか》を駆《か》けずり回《まわ》り

Running around in the snow

噂話《うわさばなし》に花《はな》を咲《さ》かせ

Sharing some gossip

デュエットが得《とく》意《い》なのさ

Singing our favorite duet

アーティスティックスイミングなら任《まか》せてよ

Artistic swimming is our thing

いやいやアクロバットだって

Even acrobatics!

ブレーメンの音楽隊《おんがくたい》！

We're the musicians of Bremen!

こんな顔《かお》だって出来《でき》るんだぜ

I can make funny faces

何《なに》もしなくても後《うし》ろを向《む》くだけでダンゴムシの真《ま》似《ね》

I just have to turn around to pretend to be a roly-poly

見《み》よ！この見事《みごと》な後《うし》ろ姿《すがた》を。これぞ自然《しぜん》の芸術作品《げいじゅつさくひん》だね

Behold! This exquisite plumage. This is nature's artwork

何《なん》たってママにだっこが最高《さいこう》さ！

There's nothing better than to be in Mom's arms

残葉《ざんよう》に心奪《こころうば》われ何思《なにおも》う？

What do you think of your gaze upon the last leaf
So deeply in thought

動物《どうぶつ》ってみんなすごいんだね

Animals are all amazing

たまにいたずらが過《す》ぎると

Sometimes when I fool around too much

ママに怒《おこ》られ

Mom gets angry

連《つ》れ戻《もど》される

And takes me home

しかし何《なん》と言《い》ってもロマンスが最高《さいこう》！

Even so, romance is the best!

お互《たが》い見《み》つめ合《あ》い

Looking into each other's eyes

口《くち》づけをして

A tender kiss

うっとりした気《き》分《ぶん》になれる

Will send you to heaven

おっと！

Oops!

世《よ》の中《なか》、いい事《こと》ばかりじゃないぞ

The world isn't all sunshine and rainbows

災難《さいなん》は突然《とつぜん》訪《おとず》れる

Disasters strike suddenly

お母《かあ》さんにあっかんべーされたり

Mom may stick her tongue out to you

自慢《じまん》の美《うつく》しい羽根《はね》がボロボロになったり

Your precious feathers may get tattered

一人《ひとり》、雨《あめ》の中《なか》で迷子《まいご》になる

Or you may get lost in the rain

ママどこ〜

Where are you, Mom?

ある時《とき》はじっと寒《さむ》さに耐《た》え

You may have to endure the cold

一人《ひとり》寂《さび》しく瞑想《めいそう》にふける

Meditate all on your own

土《ど》砂《しゃ》降《ぶ》りになれば

If there's a downpour

皆《みな》で寄《よ》り添《そ》ってじっと我慢《がまん》の日々《ひび》

You have to huddle together and be patient

母子《ぼし》ともに寒《さむ》さにも耐《た》えなければならない

Mother and child will have to endure the cold

突然《とつぜん》ボスが現《あらわ》れ

Suddenly the boss appears

追《お》いかけ回《まわ》される

And you get chased around

いい遊《あそ》び相手《あいて》を見《み》つけたと思《おも》ったら

You think you found a good playmate

不意《ふい》打《う》ちに合《あ》う

And are stabbed in the back

昨日《きのう》は元気《げんき》いっぱいだったのに

You were full of energy yesterday

今日《きょう》は病気《びょうき》になって立《た》ち上《あ》がる気力《きりょく》もない

But today you're sick, not even able to stand up

信頼《しんらい》していた仲間《なかま》からいじめをうけることもある

Sometimes your trusted friends bully you

いじけて

You hang your head

いつも一人《ひとり》ぼっち

Feeling you're always all alone

しかしながら、どんなに乗《の》り越《こ》えることが困難《こんなん》でも

Even so, however big the obstacle

失敗《しっぱい》を恐《おそ》れずチャレンジしよう

Don't be afraid of failure and try

決《けっ》して背《せ》を向《む》けず

Don't turn back

一人《ひとり》で悩《なや》まないで

Don't worry about it alone

皆《みな》で手《て》を取《と》り合《あ》えばきっと困難《こんなん》を乗《の》り越《こ》えて

Everybody takes each other's hands to surpass all trouble

美《うつく》しい夕焼《ゆうや》けの後《あと》に素晴《すば》らしい明日《あした》がきっと来《く》るさ

Another splendid day will arrive after the beautiful sunset

さあ希望《きぼう》を乗《の》せて大空《おおぞら》に飛《と》び立《た》とう！

So spread your wings of hope and fly off into the infinite sky!

だって地《ち》球《きゅう》は一《ひと》つだもん！

Because our earth is the only one there is!

INDEX

P5：パピヨンの仔犬

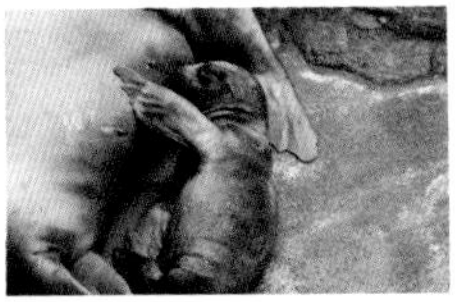

P6：カリフォルニアアシカ
伊豆・三津シーパラダイス

P7：アネハヅル
伊豆シャボテン動物公園

P8：アヒル
伊豆アニマルキングダム

P9：ホオジロカンムリヅル
伊豆シャボテン動物公園

P10：アネハヅルの親子
伊豆シャボテン動物公園

P11：アカツクシガモ
伊豆シャボテン動物公園

P12：オランウータン
多摩動物公園

P13：アビシニアコロブス
野毛山動物園

P14：黒鳥
千波湖（水戸）

P15：パピヨンの仔犬

P16：トイプードル

P17：トカゲ

P18：パルマワラビー
伊豆シャボテン動物公園

P19：フェネック
伊豆シャボテン動物公園

P20：アライグマ
伊豆アニマルキングダム

P21：パルマワラビー
伊豆シャボテン動物公園

P22：アカカンガルー
富士サファリパーク

P23：ネコ

P24：アミメキリン
多摩動物公園

P25：ロバ
伊豆シャボテン動物公園

P26：マーコール
伊豆アニマルキングダム

P27：ミニチュアダックスフンド
山中湖

P28：カピバラ
伊豆シャボテン動物公園

P29：ミーアキャット
伊豆シャボテン動物公園

P30：ミーアキャット
富士サファリパーク

P31：ヤギ
まかいの牧場

P32：アカカンガルー
多摩動物公園

P33：クビワペッカリー
伊豆シャボテン動物公園

P34：シマウマ
伊豆アニマルキングダム

P35：ミニチュアダックスフンド

P36：モモイロペリカン
伊豆シャボテン動物公園

P37：インカアジサシ
伊豆シャボテン動物公園

P38：キタオットセイ
伊豆・三津シーパラダイス

P39：ケープハイラックス
富士サファリパーク

P40：マーコール／シマウマ
伊豆アニマルキングダム

P41：ペリカン
多摩動物公園

P42：ミーアキャット
伊豆シャボテン動物公園

P43：ホオジロカンムリヅル
伊豆シャボテン動物公園

P44：スタンダードプードル

P45：ロシアンブルー

P46：ミミズク
富士花鳥園

P47：リスザル
伊豆シャボテン動物公園

P48：ホワイトタイガー
伊豆アニマルキングダム

P49：ホワイトタイガー
伊豆アニマルキングダム

P50：アミメキリン
伊豆アニマルキングダム

P51：ホオジロカンムリヅル
伊豆シャボテン動物公園

P52：ベニコンゴウインコ
伊豆シャボテン動物公園

P53：カリフォルニアアシカ
伊豆・三津シーパラダイス

P54：ミナミコアリクイ
伊豆シャボテン動物公園

P55：モモイロペリカン
伊豆シャボテン動物公園

P56：ニホンジカ
奈良公園

P57：ラマ
伊豆シャボテン動物公園

P58：ベニコンゴウインコ
多摩動物公園

P59：アネハヅルの雛
伊豆シャボテン動物公園

P60：アカツクシガモの雛
伊豆シャボテン動物公園

P61：ネコ

P62：チンパンジー
伊豆シャボテン動物公園

P63：アミメキリン
伊豆アニマルキングダム

P64：モモイロペリカン
伊豆シャボテン動物公園

P65：ニホンザル
上野動物園

P66：アメリカンコッカー
スパニエル

P67：ゴールデンレトリバー
／ミニチュアシュナウザー

P68：ネコ／カマキリ

P69：ネコ／カマキリ

P70：ミナミシロサイ
伊豆アニマルキングダム

P71：インドサイ
多摩動物公園

P72：ミーアキャット
伊豆シャボテン動物公園

P73：ブラウンキツネザル
伊豆シャボテン動物公園

P74：ジェフロイクモザル
伊豆シャボテン動物公園

P75：アネハヅルの雛
伊豆シャボテン動物公園

P76：ネコ

P77：ワオキツネザル
伊豆シャボテン動物公園

P78：チンパンジー
よこはま動物園ズーラシア

P79：ワタボウシタマリン
伊豆シャボテン動物公園

P80：ニホンジカ
若草山（奈良）

P81：ユリカモメ
親水公園（熱海）

P82：ハシビロコウ
伊豆シャボテン動物公園

親子の絆

（P89 ～ 94）

ワオキツネザル（伊豆シャボテン動物公園）

オグロプレーリードッグ（伊豆シャボテン動物公園）

クビワペッカリー（伊豆シャボテン動物公園）

リスザル（伊豆シャボテン動物公園）

クロカンガルー（伊豆シャボテン動物公園）

ブラジルバク（伊豆シャボテン動物公園）

ホワイトタイガー（伊豆アニマルキングダム）

榊原俊寿（さかきばらとしひさ）

写真家（二科会写真部会員）
１９５４年１０月１日　熱海市生まれ
１９８５年　二科会写真部神奈川支部入会
１９８５年　報道写真家、浜口タカシ氏に師事
２０１１年　（一般社団法人）二科会写真部会員推挙
２０１４年〜２０１６年　二科会写真部神奈川支部長

【個展】
１９９０年：「光の中で」　エスパスクセジュ（千葉県柏市）
１９９３年：「夢人」（合同展）　富士フォトサロン（銀座）
２００１年：「わが家のドン」　キヤノンサロン（銀座、札幌、仙台、名古屋、大阪）
２０１０年：「愛、光、風感じるままに」（三人展）　横浜みなと町ギャラリー
２０１２年：「動物讃歌」　キヤノンギャラリー（銀座、福岡）
２０１３年：「動物讃歌（フォトナ）」　横浜みなと町ギャラリー
２０１６年：「伊豆シャボテン公園のなかまたち」　横浜みなとみらいギャラリー
２０１７年：「猫の世界」　Art Gallery M84（銀座）
２０１８年：「CHATS」　GALLERY MUVEIL（南青山）

【作品集】
２００４年：「わが家のドン」（碧天舎）

【主な賞歴】
１９９０年：キヤノンフォトコンテスト・スポーツ部門　大賞
１９９２年：富士フィルムフォトコンテスト　大賞
１９９２年：日本写真家協会「JPS展」　優秀賞
２００１年：二科展　写真弘社賞
２００２年：神奈川県美術展　県議会議長賞
２００２年：神奈川二科展　大賞
２００２年：日本写真家協会「JPS展」　優秀賞
２００３年：京セラコンタックスグランドフォトコンテスト　グランプリ
２００７年：キヤノンマンスリー；マスターズ部門　年度賞１位

二科展（写真部）審査員
神奈川二科展審査員
全日本写真連盟（小田原支部）講師
キヤノンフォトクラブ小田原代表

素《す》晴《ば》らしい地《ち》球《きゅう》

明《あ》日《す》へのメッセージ

2021年4月28日　第1刷発行

著　者　　榊原俊寿
発行人　　久保田貴幸

発行元　　株式会社 幻冬舎メディアコンサルティング
〒151-0051　東京都渋谷区千駄ヶ谷4-9-7
電話　03-5411-6440（編集）

発売元　　株式会社 幻冬舎
〒151-0051　東京都渋谷区千駄ヶ谷4-9-7
電話　03-5411-6222（営業）

印刷・製本　中央精版印刷株式会社
装　丁　　竹内理菜

検印廃止

ISBN 978-4-344-93410-8 C0026
幻冬舎メディアコンサルティングHP
http://www.gentosha-mc.com/